RECHERCHES EXPÉRIMENTALES

SUR

LA VÉGÉTATION

PAR

M. GEORGES VILLE

ABSORPTION DE L'AZOTE DE L'AIR

PAR LES PLANTES

Extrait des Comptes rendus des séances de l'Académie des sciences

PARIS

IMPRIMERIE DE L. MARTINET

RUE MIGNON, 2.

RECHERCHES EXPÉRIMENTALES

SUR

LA VÉGÉTATION.

RECHERCHES EXPÉRIMENTALES

SUR

LA VÉGÉTATION

PAR

M. GEORGES VILLE.

ABSORPTION DE L'AZOTE DE L'AIR

PAR LES PLANTES.

Rapport fait par M. CHEVREUL à l'Académie des sciences

AU NOM D'UNE COMMISSION COMPOSÉE DE MM. DUMAS, REGNAULT, PAYEN, DECAISNE, PELIGOT, CHEVREUL.

Extrait des Comptes rendus officiels de l'Académie des sciences.

PARIS,

IMPRIMERIE DE L. MARTINET,

RUE MIGNON, 2.

1855

ABSORPTION DE L'AZOTE DE L'AIR

PAR LES PLANTES.

L'Académie nous a chargés, MM. Dumas, Regnault, Payen, Decaisne, Peligot et moi, d'examiner un travail d'après lequel M. Georges Ville a conclu que l'azote élémentaire des plantes ne provient pas seulement de l'ammoniaque que contiennent les engrais, l'atmosphère et les eaux, mais encore de l'azote libre de l'air. Ce simple énoncé fait sentir l'importance du sujet que M. Ville a traité, et l'opinion contraire à la sienne professée par des savants distingués en accroît encore l'intérêt.

S'il était nécessaire de montrer les difficultés de travaux dont l'objet se rattache à la question de l'origine de l'azote dans les végétaux, il suffirait de rappeler sans doute le résumé rapide de ces travaux, soit que leurs auteurs aient recherché directement cette origine, ou qu'ils ne s'en soient occupés qu'à l'occasion de travaux entrepris dans un tout autre but.

Priestley, en soumettant des plantes au contact de différents gaz, crut observer l'absorption de l'azote par quelques-unes, et principalement par l'*Epilobium hirsutum* (1) (1779). Priestley avait reconnu, dès le 17 d'août 1771, qu'une menthe rétablit la pureté de l'air qui a été vicié par la combustion d'une bougie ou

---

(1) *Expériences et Observations sur différentes branches de la Physique,* tome II, page 84, et tome III, page 8. (Traduction de GIBELIN.)

la respiration (1); mais il n'avait pas observé la nécessité de la lumière solaire pour que cette purification ait lieu. Ce fut Ingenhousz qui la reconnut en 1779; et comme Priestley, il pensa que les plantes absorbent le gaz azote avec lequel on les met en contact.

Mais Théodore de Saussure, dans ses nombreuses recherches sur la végétation, n'ayant jamais observé cette absorption, combattit l'opinion de Priestley, comme au reste l'avaient fait déjà Senebier et Woodhouse.

Théodore de Saussure attribua l'origine de l'azote des végétaux à l'ammoniaque des engrais, de l'air, des eaux, et à celui d'autres composés azotés solubles; il fit, de plus, la remarque importante que les plantes qui végètent dans une atmosphère non renouvelée à l'aide d'une petite quantité d'eau pure, n'acquièrent pas d'azote; seulement les parties qui se développent dans cette condition absorbent l'azote des parties qui s'étaient formées antérieurement à l'expérience (2).

M. Boussingault présenta à l'Académie, le 22 de janvier 1838, un Mémoire dont l'objet était de démontrer que l'azote de l'air peut être *assimilé aux plantes durant la végétation.*

Il fit deux séries d'expériences sur le trèfle. Dans la première série, les plantes végétaient dans du sable calciné humecté que contenaient des vases de porcelaine déposés dans un pavillon situé à l'extrémité d'un grand jardin.

Après une végétation de trois mois, le poids de la récolte sèche et privée de cendre était $4^{gr},106$; le poids des semences privées de cendre était $1^{gr},586$. Donc la récolte était à la semence :: 1 : $2^{gr},59$. La quantité d'azote de la récolte surpassait celle de l'azote des semences de $0^{gr},042$.

---

(1) *Expériences et Observations sur différentes espèces d'air*, tome I, pages 63, 111, etc.

(2) *Recherches sur la Végétation*, page 207.

M. Boussingault, craignant que l'on n'attribuât l'excès de l'azote à des poussières transmises au trèfle par l'air, et qui auraient agi comme un engrais azoté, procéda à la seconde série d'expériences. Il opéra dans un appareil muni d'un aspirateur, où les poussières s'arrêtaient avant d'arriver à la cloche. La végétation ne dura que le mois d'octobre. Cette fois, l'excès de l'azote de la récolte sur celui de la semence ne fut que de 0^{gr},008; mais M. Boussingault considéra ce résultat comme confirmatif du premier.

Dans un second Mémoire, M. Boussingault fit voir que les pois se comportaient comme le trèfle.

M. Liebig, de 1839 à 1840, n'admit pas la fixation de l'azote de l'air par les plantes : conformément à l'opinion de Th. de Saussure, il considéra l'ammoniaque comme la source de l'azote dans les végétaux. Évidemment, à ses yeux, ce composé est, pour la source de l'azote, ce que l'acide carbonique est pour celle du carbone.

De 1851 à 1855, M. Boussingault se livra à de nouvelles expériences sur l'origine de l'azote dans les végétaux, et cette fois il conclut que les plantes n'augmentent point la quantité d'azote de leurs semences, lorsqu'elles se développent dans des atmosphères confinées desquelles l'ammoniaque et les engrais azotés sont exclus. En définitive, il revient à l'opinion de Th. de Saussure et de Liebig. Voici le résumé de ses deux derniers Mémoires :

Premier Mémoire (1). — Il décrit un appareil où une plante vit dans une atmosphère qui n'est pas renouvelée. Il insiste sur la nécessité, pour déterminer la quantité d'azote, de soumettre la récolte entière à l'analyse. Il fait remarquer qu'il a toujours obtenu un nombre de plantes égal au nombre de graines qu'il a semées.

---

(1) *Annales de Chimie et de Physique*, 3e série, tome XLI, page 5.

Il conclut d'une première série de deux expériences faites en 1851, d'une deuxième série de trois expériences faites en 1852, et d'une troisième série de huit expériences faites en 1853, que le gaz azote n'a pas été assimilé pendant la végétation des haricots, de l'avoine, du cresson et des lupins.

Second Mémoire (1). — M. Boussingault décrit une expérience dont le but est de démontrer que la végétation d'une plante peut être normale dans une atmosphère limitée, lorsque le sol renferme les éléments nécessaires à la végétation.

Enfin il recherche si, dans une atmosphère continuellement renouvelée, il y a fixation du gaz azote. Il expose les précautions qu'il a prises, le choix du sol et des cendres, la purification de l'air et de l'acide carbonique, la pureté de l'eau, etc.

Il conclut, d'après sept expériences faites sur le lupin, les haricots nains, le cresson alénois, qu'il n'y a pas eu fixation de gaz azote.

M. G. Ville commença ses recherches sur l'origine de l'azote des plantes à partir de l'année 1849, et depuis il n'a pas cessé de s'en occuper.

En 1850, en annonçant à l'Académie qu'il avait obtenu une belle végétation dans un sol stérile, il insista sur la probabilité de la fixation de l'azote par les végétaux pour former leurs principes immédiats organiques quaternaires, et il invita les savants que ce sujet intéresse à venir voir dans le jardin des Carmes deux appareils servant à des expériences comparatives.

Des plantes végétaient dans une cage vitrée où l'air atmosphérique parvenait au moyen d'un aspirateur, mêlé de 3 à 4 d'acide carbonique pour 100.

Un second appareil, absolument semblable au premier et placé à côté, mais ne renfermant pas de plantes, servait à doser l'am-

___
(1) *Annales de Chimie et de Physique,* tome XLIII, page 149.

moniaque de l'atmosphère qui parvenait à la cloche, et donnait par conséquent celle qui était parvenue aux plantes de la première cage.

Eh bien! en ajoutant l'azote de cette ammoniaque à l'azote contenu dans les semences avant leur germination, on avait une quantité inférieure à celle de l'azote des plantes provenues de ces semences. Donc l'excès de ce dernier provenait de l'azote qui avait pénétré dans la cage à l'état d'air atmosphérique.

L'expérience dont nous parlons dura un an; mais l'auteur n'en communiqua les résultats à l'Académie qu'en 1852, après les avoir constatés dans un appareil monté à Grenelle, où cette fois l'air ne pénétrait dans la cage vitrée où se trouvaient les semences mises en expérience qu'après avoir perdu son ammoniaque.

M. Ville publia, en 1853, ses expériences dans un petit volume in-folio, avec les plus grands détails.

Dans une première partie, il décrit ses expériences pour le dosage de l'ammoniaque de l'air.

Dans une seconde, il décrit celles qui ont trait à la fixation de l'azote atmosphérique par les plantes.

Une troisième et une quatrième partie sont consacrées à l'influence des vapeurs de sous-carbonate d'ammoniaque sur la végétation, et de son emploi dans les serres.

Enfin un Appendice renferme tout ce qui concerne la construction des appareils, ainsi que les méthodes et les procédés qu'il a suivis.

En définitive, M. Ville conclut :

1° Que, dans une atmosphère stagnante, la quantité d'azote d'une récolte ne présente au plus que l'azote des semences.

En cela il partage l'opinion de Th. de Saussure et de M. Boussingault lui-même.

2° Mais qu'en opérant le développement des semences dans une cage vitrée plus ou moins grande, où l'air, privé d'ammoniaque, se renouvelle lentement après avoir reçu 2 volumes de gaz acide carbonique environ pour 98 volumes d'air, le résultat diffère tout à fait du précédent : car, dans le premier cas, le poids de la semence est à celui de la récolte séchée :: 1 : 1,5 : 3,1, tandis que dans le second, il peut être : : 1 : 40 et plus.

Comme nous l'avons vu, M. Boussingault ayant communiqué à l'Académie de 1851 à 1853 des recherches dans lesquelles il concluait, contrairement à l'opinion de M. Ville, que les plantes ne fixent pas le gaz azote de l'atmosphère, ce jeune savant présenta à l'Académie une Note dans laquelle il combattait, à son tour, l'opinion de M. Boussingault en s'appuyant sur de nouveaux faits, notamment sur celui de l'identité de poids des récoltes obtenues en faisant usage, d'une part, d'eau distillée dépourvue d'azote, et, d'une autre part, de l'eau de pluie. Il offrit à l'Académie de répéter ses expériences devant une Commission qu'elle nommerait.

La Commission à laquelle le travail de M. Ville fut renvoyé se décida à suivre une expérience que M. Ville ferait au Muséum d'Histoire naturelle, assisté de M. Cloëz, préparateur du cours de chimie appliquée aux corps organiques. Elle prit toutes les précautions qu'elle jugea nécessaires pour qu'on pût connaître la vérité. Mais dans une expérience aussi compliquée, qui s'est prolongée des mois entiers en plein air, et où les circonstances ont été les moins favorables à cause des variations fréquentes de température, des vents et de violents orages, il ne faudra pas s'étonner de ce que ce Rapport pourra laisser à désirer sur quelques points : quoi qu'il en soit, rien, absolument rien de ce qui s'est passé ne sera dissimulé.

L'appareil que M. G. Ville monta au Muséum ressemblait à celui qu'il a décrit dans son ouvrage.

Une cage de verre de 150 litres de capacité recevait trois pots de terre cuite percés de trous. Le fond de chacun d'eux était garni de gros fragments de brique recouverte d'une couche de sable d'Étampes, faute de sable de Fontainebleau, qui est le plus convenable à l'expérience.

Dans ce sable on mit un nombre déterminé de graines de cresson. Les pots étaient placés au-dessus d'une couche d'eau qui, par capillarité, pénétrait le sable.

La cage de verre communiquait d'une part avec un aspirateur de 500 litres, et d'une autre part avec l'air de l'atmosphère et un réservoir de gaz acide carbonique. Mais l'air n'arrivait pas directement dans la cage, il passait dans deux flacons remplis d'acide sulfurique concentré, puis dans deux flacons remplis de ponce imprégnée d'acide sulfurique concentré; enfin dans deux flacons de carbonate de soude. C'est à sa sortie de ces flacons qu'il recevait 2 volumes de gaz acide carbonique pour 98 volumes d'air.

L'air en vingt-quatre heures se renouvelait huit fois dans l'appareil.

L'eau distillée dont le sable était humecté fut essayée, comme nous le verrons, avant et après l'expérience. Elle provenait du laboratoire du Muséum, elle avait été préparée par M. Cloëz.

Les pots, les fragments de brique et le sable, après avoir été rougis, subirent un examen avant d'être introduits dans la cloche, afin de savoir s'ils contenaient de l'ammoniaque. 40 grammes chauffés avec la *chaux sodée* n'en donnèrent pas sensiblement à l'acide sulfurique dilué normal.

Enfin, on ajouta au sable des cendres de graines de cresson.

Avant d'exposer les résultats de l'expérience commencée le 4 d'août 1854 et terminée le 12 d'octobre de la même année, nous dirons quelques mots d'une expérience préalable, à la date du 18 de juillet, qu'un accident arrêta douze jours après.

Le 18 de juillet, on mit dans la cage vitrée quatre pots avec des graines de cresson. Ces pots reposaient sur une feuille de plomb placée au fond de la cage. Cette feuille avait été enduite d'une couche de blanc de zinc à l'huile de lin additionnée d'un siccatif et d'essence de térébenthine. Malheureusement, celle-ci n'étant pas complétement évaporée, il se produisit dans l'atmosphère de la cage une quantité de vapeur suffisante pour empêcher la germina-

tion de la plupart des graines et pour tuer celles qui commen-
cèrent à germer.

Nous nous assurâmes, par une expérience directe, qu'en mettant
dans une atmosphère limitée un chiffon imprégné de quelques
gouttes d'essence de térébenthine, on empêche la germination, et
l'on tue des graines qui viennent de germer. Nous en fîmes l'expérience, et depuis nous avons trouvé que Huber de Genève avait déjà
observé le même fait (1).

Pour remédier à cet accident, on enleva la feuille de plomb, et
sur le fond même de fer-blanc de la cage on appliqua une couche
de cire fondue avec de l'huile de lin additionnée de litharge, puis
on coula dessus successivement jusqu'à cinq couches de cire blan-
che pesant ensemble 3 kilogrammes. Malheureusement il se mani-
festa durant l'expérience, dans l'eau qui était en contact avec les
matières grasses du fond de la cage, une odeur sensible de rance
et un goût amer qui persistèrent jusqu'à la fin de l'expérience,
quoique M. G. Ville remplaçât cette eau à diverses époques de
l'expérience, comme nous allons le voir. Toutes les eaux qui sor-
tirent de la cloche furent conservées pour être examinées à la fin
de l'expérience.

4 d'août. — On met dans la cage vitrée trois pots : un grand
n° 1 et deux autres petits nᵒˢ 2 et 3.

Le n° 1, outre les fragments de brique qui étaient au fond, reçut
2000 grammes de sable d'Étampes et 6 grammes de cendre de
graines de cresson. On y sema 158 graines de cresson pesant
0ᵍʳ,319 et représentant 0ᵍʳ,0099 d'azote.

Le n° 2, disposé comme le précédent, reçut 500 grammes de
sable et 2 grammes de cendre. On y sema 60 graines de cresson
pesant 0ᵍʳ,124 et représentant 0ᵍʳ,0038 d'azote.

(1) Mémoires sur l'influence de l'air et de diverses substances gazeuses dans la
germination de différentes graines, par F. Huber et J. Senebier, page 99. Paschoud,
à Genève, 1801.

Le n° 3, disposé comme les précédents, reçut 500 grammes de sable et 2 grammes de cendre. On y sema 60 graines de cresson pesant $0^{gr},1275$ et représentant $0^{gr},0039$ d'azote.

7. Germination d'un grand nombre de graines.

8. Extraction de l'eau de la cage de verre au moyen d'un robinet placé au fond de la cage. — Introduction de nouvelle eau distillée.

9 et 10. Renouvellement de l'eau dans la cage. — Addition de 1 gramme de cendre de graines de cresson, et renouvellement de l'eau.

11. On ouvre la cage afin d'enfoncer un peu le pot n° 1, et relever légèrement les pots n°s 2 et 3. On ajoute du sable sec.

La germination est satisfaisante, mais elle est plus belle dans les pots 2 et 3 que dans le pot n° 1. — Renouvellement de l'eau.

14. Renouvellement de l'eau.

16. Renouvellement de l'eau.

17. Renouvellement de l'eau.

19. Renouvellement de l'eau. — La cloche est ouverte, les feuilles inférieures commencent à jaunir sur plusieurs pieds.

21. Végétation meilleure dans les pots 2 et 3 que dans le pot 1.

26. Renouvellement de l'eau. — Plantes du n° 1, souffrantes; — plantes du n° 2, très belles ; — plantes du n° 3, belles.

4 de septembre. — Plantes du n° 1, elles vont très mal ; — plantes du n° 2, très belles, commencent à monter ; — plantes du n° 3, médiocres.

13 de septembre. — Renouvellement de l'eau pour la dixième et dernière fois. — Plantes du n° 1, végétation manquée ; — plantes du n° 2, floraison très belle ; — plantes du n° 3, floraison médiocre.

14 de septembre. — Plantes du n° 1, quelques fleurs ; — plantes du n° 2, les graines commencent à se former ; — plantes du n° 3, floraison assez générale.

8 d'octobre. — La végétation est à sa fin dans les plantes les mieux venues.

12 d'octobre. — On met fin à l'expérience.

Pour ne pas interrompre le récit des phénomènes qui apparurent dans la cage vitrée, nous n'avons pas parlé d'une seconde expérience dont l'idée fut suggérée à M. G. Ville par l'un de nous, M. Peligot. Cette idée était d'interposer entre la cage et l'appareil d'aspiration une cloche de 25 litres environ avec un pot de graines de cresson n° 4.

Le 30 d'août, on posa sur une plaque de zinc, portée par une petite table, un vase renfermant 1 litre 1/2 d'eau distillée, qui ne communiquait avec l'atmosphère que par un tube de verre dont l'extrémité, tirée à la lampe, était courbée et renversée. L'eau du vase arrivait au pot n° 4 disposé comme les pots précédents, n°s 1, 2 et 3. Sur les fragments de brique il y avait 700 grammes de sable avec 2 grammes de cendre de cresson, dans lequel on sema 100 graines de cette même plante, pesant $0^{gr},206$, et représentant $0^{gr},0063$ d'azote. On recouvrit le pot d'une cloche de verre de 25 litres environ de capacité, et celle-ci fut fixée à demeure sur la plaque de zinc au moyen du mastic de fontainier, de sorte que, jusqu'au 17 d'octobre, terme de l'expérience, l'intérieur de la cloche ne fut point en communication avec l'atmosphère extérieure autrement que par l'air de la cage vitrée, et cet air, avant d'y parvenir, avait passé dans un flacon d'acide sulfurique hydraté concentré et dans un flacon de carbonate de soude.

Le 5 de septembre, M. G. Ville plaça une seconde cloche, recouvrant un pot de sable ensemencé, après la cloche du pot n° 4. Un accident, arrivé le 18 de septembre, ayant interrompu cette troisième expérience, nous n'en reparlerons plus.

Nous revenons à la végétation des graines du pot n° 4, placé sous la cloche de verre le 30 d'août.

4 de septembre. — Les graines vont bien, la plupart commencent à germer.

9 de septembre. — Végétation uniforme satisfaisante.

13 de septembre. — Les feuilles se développent bien.

30 de septembre. — A partir de la germination, la végétation, dans les quinze premiers jours, a été très active; depuis lors elle s'est ralentie, les cotylédons et les premières feuilles ont jauni.

3 d'octobre. — La végétation a repris de l'activité; les plantes se disposent à monter.

17 d'octobre. — Les plantes montent en fleur.

Là on arrête l'expérience.

Nous ne parlerons de ses résultats qu'après avoir donné ceux de la première expérience.

Résultats de l'expérience faite dans la cage vitrée.

Récolte du pot nº 1. — Cette récolte était très inégale; une plante avait 1 décimètre de hauteur avec deux graines, tandis que la grandeur des autres plantes n'était que de 2 à 4 centimètres.

Les racines, en s'échappant dans l'eau par les trous du pot, s'y étaient excessivement ramifiées en formant ce qu'on appelle la *queue de renard.*

La récolte séchée dans le vide sec pesait $2^{gr},242$; elle représentait $0^{gr},0097$ d'azote.

Or, comme les semences en contenaient $0^{gr},0099$, on doit en conclure qu'il n'y a pas eu d'azote fixé dans les plantes, sauf celui des semences.

Ce résultat est remarquable en ce que le poids des semences est à celui de la récolte sèche :: 1 : 7.

Récolte du pot nº 2. — Cette récolte était plus uniforme et bien plus belle que la précédente.

Séchée dans le vide sec, elle pesait $6^{gr},021$; conséquemment, le poids de la semence étant 1, celui de la récolte sèche était de 48,5.

La récolte contenant. . . . .   0,0530 d'azote,

Et les semences.   0,0038
____
0,0492

Il s'ensuit que les plantes avaient gagné 0^{gr},0492 d'azote.

Récolte du n° 3. — Cette récolte, quoique supérieure à celle du n° 1, était bien inférieure à la récolte du n° 2. En effet, séchée dans le vide, elle pesait 1^{gr},506 ; conséquemment, le poids de la semence étant 1, celui de la récolte était de 12.

La récolte contenant. . . . .   0,0110 d'azote.

Et les semences.   0,0039
____
0,0071

Il s'ensuit que les plantes avaient gagné 0^{gr},0071 d'azote.

Nous rappelons qu'avant l'expérience, les pots, les briques et le sable d'Étampes avaient été rougis au feu, et qu'on s'était assuré, avant de les introduire dans la cage vitrée et dans la cloche, qu'ils ne contenaient pas d'ammoniaque, du moins en chauffant 40 grammes de chacune de ces matières dans un tube avec de la *chaux sodée* et en recevant le produit dans de l'acide sulfurique dilué normal.

On se rappelle que toutes les eaux qui avaient séjourné dans la cage vitrée, réunies, représentaient 60 litres, et qu'on avait mis en réserve une quantité notable de l'eau distillée qui devait servir à l'expérience, afin d'examiner comparativement et en même temps après l'expérience ces deux portions d'eau.

Il avait été convenu que M. Peligot déterminerait la quantité d'ammoniaque qu'elles contenaient respectivement, dans son laboratoire du Conservatoire, et qu'on lui porterait les résidus obtenus de l'évaporation de 12 litres de chacune des eaux faite dans le laboratoire du Muséum, par M. Cloëz, auxquels 12 litres, on avait ajouté avant l'évaporation 1 gramme d'acide oxalique.

Les évaporations durèrent, l'une quatre jours et l'autre trois jours. Elles furent commencées par M. Cloëz et M. Stoësner, préparateur de M. Ville. Malheureusement, M. Cloëz ayant appris que son père était gravement malade, partit pour Lille, et c'est durant son absence que des jeunes gens qui travaillaient dans le laboratoire du Jardin des plantes évaporèrent des liqueurs ammoniacales provenant de préparations de nickel. Les résidus des deux évaporations données à M. Peligot contenaient par litre :

		gr.
1° L'eau distillée, *avant* l'expérience.		0,0038
2° L'eau distillée, *après* l'expérience.		0,0013

Dans l'intérêt de la vérité, nous rapportons en note une Lettre dans laquelle M. Cloëz rend compte de cet incident à l'un de nous, M. Chevreul.

Quoi qu'il en soit, deux évaporations de 10 litres chacune des eaux furent faites au feu de charbon de bois à l'École polytechnique par M. Cloëz.

Et deux nouvelles évaporations furent faites à la flamme du gaz par M. Cloëz, dans le laboratoire de M. Ville, à Grenelle, à l'aide d'un appareil tel que la capsule évaporatoire était à l'abri des poussières; le volume de chacun des liquides évaporés était de 5 litres.

L'azote des résidus de ces nouvelles évaporations fut déterminé par M. Peligot.

Résidus des eaux évaporées au feu de charbon de bois, à l'École polytechnique, par M. Cloëz :

	gr.
Eau distillée, *après* l'expérience.	0,00130
Eau distillée, *avant* l'expérience.	0,00066
Excès d'azote dans l'eau de la cage vitrée.	0,00064

Résidus des eaux évaporées à la flamme du gaz, dans le laboratoire de M. G. Ville, par M. Cloëz :

		gr.
Eau distillée, *après* l'expérience.		0,000520
Eau distillée, *avant* l'expérience.		0,000087
Excès d'azote dans l'eau de la cage vitrée.		0,000433

Les eaux qui avaient séjourné dans la cage vitrée et l'eau distillée réservée pour l'examiner comparativement avec elle, avaient été mises respectivement dans des flacons bouchés et scellés avec un cachet de cire.

Résultats et conséquences de l'expérience faite dans la cage vitrée.

En multipliant par 60 la quantité d'azote de 1 litre d'eau, nous aurons celle que contenaient les 60 litres mis en expérience avant et après l'expérience.

D'après le résultat donné par les évaporations faites au laboratoire du Muséum, on a :

	gr.
Avant l'expérience.	0,228
Après l'expérience.	0,078
	0,150

La différence 0^{gr},150 suffirait pour expliquer l'augmentation de l'azote dans la récolte, puisque celle-ci n'a été, pour l'ensemble des récoltes des pots n° 2 et n° 3, que de 0^{gr},0563.

Mais les résultats sont contraires si l'on admet les déterminations faites au charbon et au gaz, puisque l'eau, *après l'expérience*, contenait plus d'ammoniaque qu'elle n'en contenait auparavant (*voyez* page **20**).

Voilà les résultats et les conséquences de l'expérience, telle qu'elle a été faite dans la cage vitrée.

Passons à ceux de l'expérience faite dans la cloche de verre.

Résultats et conséquences de l'expérience faite dans la cloche de verre.

Nous avons vu (1) que le 30 août on commença une seconde expérience dans une cloche de verre placée entre la cage de verre et l'aspirateur.

Dans 700 grammes de sable d'Etampes, préalablement calciné et additionné de 2 grammes de cendre de cresson, on sema 100 grains de cette plante, pesant $0^{gr},206$ et représentant $0^{gr},0063$ d'azote. L'eau qui a humecté le sable s'élevait à 1 litre et demi.

La cloche de 25 litres qui couvrait le pot, lutée sur une plaque de zinc avec du mastic de fontainier, comme nous l'avons dit, ne fut enlevée que le 17 d'octobre, époque où les plantes avaient monté en fleur. L'eau ne fut pas renouvelée durant l'expérience ; elle arrivait dans la terrine d'un réservoir placé hors de la cloche, comme nous l'avons dit.

Quels ont été les résultats de cette expérience ?

Les voici :

La récolte, représentée par 91 plantes séchées dans le vide, pesait, avec les débris des graines non germées, $3^{gr},599$; elle était donc au poids des semences comme 17,47 : 1.

	gr.
Elle contenait.	0,0350 d'azote.
Les semences en contenaient. . . .	0,0063
Donc, excès d'azote.	0,0287 dans la récolte.

Maintenant portons les choses à l'extrême : supposons que le litre 1/2 d'eau distillée contenait, *avant* et *après* l'expérience, les quantités d'ammoniaque trouvées en premier lieu dans l'eau qui avait servi à l'expérience de la cage vitrée : elle devait, conformément à cette supposition, contenir :

(1) Page 14.

$$\begin{array}{ll}
\textit{Avant} \text{ l'expérience.} \dots\dots\dots & \overset{\text{gr.}}{0},0057 \text{ d'azote,} \\
\textit{Après} \text{ l'expérience.} \dots\dots\dots & 0,0020 \\
\hline
 & 0,0037
\end{array}$$

Toujours, conséquemment à la supposition, l'eau aurait cédé à la plante $0^{\text{gr}},0037$ d'azote; dès lors, diminuant cette quantité de l'azote de la récolte, il en reste un excès de $0^{\text{gr}},0250$. Conséquemment, l'azote des semences sera à celui de la récolte, abstraction faite de l'ammoniaque de l'eau, comme 1 : 3,97, c'est-à-dire, en nombre rond, comme 1 : 4.

Il n'est pas inutile de faire remarquer que si le rapport de la récolte à la semence a été dans la cloche de 17,5 à 1, tandis que la récolte du n° 2, placée dans la cage vitrée, a donné le rapport de 48,5 à 1, la différence tient, en grande partie du moins, à ce que la durée de l'expérience faite dans la cloche a été du 30 d'août au 17 d'octobre, tandis que celle de l'expérience faite dans la cage vitrée a été du 4 d'août au 12 d'octobre.

Il n'est pas inutile encore de rappeler que dans la récolte du n° 1, de la cage vitrée, où il n'y a pas eu augmentation d'azote, le poids de la récolte était à celui de la semence comme 7 : 1.

Enfin, nous dirons à ceux qui admettraient que dans l'expérience de la cage vitrée l'eau n'a point exercé d'influence pour augmenter le poids de l'azote des récoltes des pots n° 3 et n° 2 :

1° Que dans la récolte du n° 3, qui était au poids de la semence comme 12 : 1,

Le poids de l'azote de la semence était à celui de la récolte comme 1 : 2,81 :

L'azote en excès à celui de la semence était donc comme 1,81 : 1 ;

2° Que dans la récolte du pot n° 2, qui était au poids de la semence comme 48,5 : 1,

Le poids de l'azote de la semence était à celui de la récolte comme 1 : 13,95 :

L'azote en excès à celui de la semence était donc comme
12,95 : 1;

3° Que dans la récolte du pot n° 4, qui était au poids de la semence comme 17,47 : 1,

Le poids de l'azote de la semence était à celui de la récolte
comme 1 : 5,55 ;

L'azote en excès à celui de la semence était donc comme
4,55 : 1.

Réflexions générales.

Quelques réflexions ne seront point déplacées sur la manière de
conduire les expériences auxquelles on soumet des corps vivants
avec l'intention de découvrir la cause des phénomènes par les-
quels ils se distinguent des corps bruts ; car, plus ce sujet de recherches est intéressant, plus il importe d'insister sur des difficultés qui tendent à éloigner l'expérimentateur de la vérité, but
constant de ses efforts.

La première règle à observer, dans toute recherche de ce
genre, est que les conditions dans lesquelles on placera les corps
vivants soumis à l'expérience ne troublent que le moins possible
les fonctions qu'ils exécutent dans les circonstances ordinaires de
leur vie ; autrement le résultat des expériences ne pourrait être
considéré comme définitif.

Par exemple, pour ne pas sortir du sujet qui nous occupe, tel
est le résultat des expériences faites dans des atmosphères limitées où l'on suit la végétation depuis la germination jusqu'à la
fructification. Évidemment, si une graine dans une végétation normale donne une récolte sèche dont le poids peut être cent, deux
cents, trois cents... fois plus grand que le sien (1), il ne sera pas

____

(1) Le marquis de Turbilly a constaté que 1 grain de seigle qui avait germé
dans une ancienne fourmilière a donné 1440 grains de seigle très beaux. (*Mémoire sur les défrichements*, pages 217 et 218.)

permis de conclure du cas où le poids de la récolte ne dépassera celui de la graine que de 1, de 2, de 3, de 4,... au cas où la végétation s'accomplit dans des circonstances ordinaires. Or, c'est précisément ce qui arrive lorsque la germination s'opère dans du sable calciné et dans des vaisseaux où, l'air ne se renouvelant pas, les circonstances sont si différentes de celles où se trouvent les plantes végétant à l'air libre.

Pour bien apprécier les choses, suivons la végétation dans des circonstances diverses où elle peut s'opérer en agriculture, et de là il sera possible de déduire des conséquences propres à éclairer la théorie de ce qui se passe dans les deux cas que nous avons distingués, quant à la manière de résoudre par l'expérience la question de savoir si l'azote gazeux de l'atmosphère concourt à augmenter le poids des plantes.

Ces deux cas, nous les rappelons.

Le *premier* concerne des plantes placées dans une atmosphère très limitée qu'on ne renouvelle pas.

Le *second* concerne des plantes placées dans une atmosphère qui se renouvelle, et qui, en outre, renferme proportionnellement plus d'acide carbonique que l'atmosphère

Circonstances diverses où la végétation peut s'opérer en agriculture.

A. *Considération de l'étendue du terrain où plongent les racines.* — La capacité du sol, relativement aux racines des plantes qui doivent s'y développer, est-elle sans influence sur ce développement? On ne peut le penser quand on se rappelle l'ingénieuse expérience de Tulle, prescrite pour juger l'étendue de terrain nécessaire au développement d'une plante, expérience que Duhamel du Monceau a trouvée assez importante pour l'exposer au commencement de ses *Éléments d'agriculture.*

Qu'on se représente une ligne de turneps dont les graines avaient été semées à 1^m, 33 environ de distance l'une de l'autre, dans un espace triangulaire faisant partie d'une terre en friche, espace qui avait été soigneusement défoncé avant l'ensemencement, et que la ligne de turneps partageait en deux moitiés. Après le développement des turneps, on les arracha de terre, et l'on vit qu'à partir de la pointe du triangle, ils augmentaient progressivement de grosseur jusqu'au huitième inclusivement, et que de là jusqu'au dernier ils étaient égaux au huitième. On en conclut qu'un cercle de $1^m,33$ de diamètre représentait l'espace nécessaire au développement normal des turneps, parce que le milieu du huitième turneps était éloigné de $0^m,665$ de chacun des deux grands côtés du triangle du terrain défoncé, et que les turneps qui s'étaient développés dans un cercle plus grand n'étaient pas plus volumineux que le huitième.

Quand on fait végéter des plantes, il n'est donc pas indifférent de savoir l'étendue nécessaire à l'extension de leurs racines pour que celles-ci soient dans les conditions les plus favorables possible à leur développement.

B. *Considération du milieu aérien où la plante se développe.* — Si la masse d'une plante est toujours considérable relativement au poids des particules gazeuses qui sont en contact avec elle, ces particules, pouvant se renouveler, sont dès lors dans le cas de fournir à la plante des corps susceptibles de concourir à l'accroissement de son poids, tels que de l'oxygène, du gaz acide carbonique, des vapeurs ammoniacales et toute autre matière susceptible de s'y assimiler. Sous ce rapport, la masse d'atmosphère qui peut se renouveler à l'égard d'une plante étant pour ainsi dire indéfinie, on voit combien la condition de cette plante dans l'atmosphère libre est avantageuse à son développement.

Si, de la considération de la matière que le milieu aérien où croît la plante peut lui céder pour en accroître le poids, nous passons à l'examen de l'influence physique que ce milieu peut exercer sur elle, nous arrivons à des résultats qui n'en sont pas moins intéressants.

1° L'atmosphère libre, en touchant la feuille, détermine l'évaporation d'une partie de l'eau des sucs qui s'y sont rendus; dès lors la séve se concentre dans ces organes si nécessaires à la vie du végétal, et la transpiration, appelant la séve dans les feuilles, favorise le jeu des racines puisant dans le sol la matière nutritive.

2° La lumière solaire est nécessaire à la vie végétale; c'est par elle qu'elles émettent de l'oxygène au dehors, en même temps qu'elles fixent du carbone et les éléments de l'eau pour constituer des principes immédiats. Mais si la lumière a tant d'efficacité pour produire ces effets, il ne faut pas que la plante soit exposée à une chaleur trop élevée. Eh bien! l'atmosphère en mouvement, facilitant la formation de la vapeur d'eau, devient une cause de refroidissement; en outre, elle agit encore comme telle en s'échauffant aux dépens du sol, de la tige de la plante et des feuilles, indépendamment de toute évaporation. Le mouvement de l'atmosphère modère donc l'action de la chaleur solaire.

3° Le vent qui agite les plantes paraît à beaucoup d'observateurs, quand il n'est ni trop brûlant ni trop desséchant, favoriser la végétation en favorisant le jeu des tissus constituant les organes des végétaux.

4° Enfin si, comme quelques personnes le pensent, les plantes exhalent des matières qui peuvent leur être nuisibles, si ce n'est comme poison, du moins comme empêchant le contact de matières gazeuses qui leur sont utiles, reconnaissons que, en ce cas, le mouvement d'une atmosphère libre à la surface de la plante contribue à maintenir la végétation en bon état.

Après l'exposé de ces faits, il sera facile de montrer la différence existant entre la végétation des plantes placées dans les circonstances ordinaires, et la végétation des plantes placées dans des atmosphères limitées, et ce, dans le cas où l'atmosphère ne se renouvelle pas, et dans celui où l'atmosphère se renouvelle.

PREMIER CAS. — Végétation dans une atmosphère limitée
qui ne se renouvelle pas.

On fait germer des graines dans du sable calciné préalablement,
et humecté ensuite avec de l'eau distillée renfermant des cendres de
la même espèce de graine.

Certainement, pour le plus grand nombre des espèces de graines
qu'on peut soumettre à cette expérience, leur germination n'exige
pas, dans les circonstances ordinaires, un sol constamment hu-
mide, ni aussi fortement qu'il l'est dans l'expérience. Cette grande
humidité change aussi la condition de la matière saline soluble eu
égard à la plante : car ordinairement la matière soluble n'arrive
aux racines que peu à peu, et en proportion plus faible que dans le
cas qui nous occupe.

Une fois la germination opérée, les conditions de la plante dans
une atmosphère limitée sont absolument différentes de celles où se
trouverait cette plante dans une atmosphère libre ; car non-seulement la masse du gaz est très faible relativement à celle de la
plante, mais cette atmosphère limitée est, en outre, saturée de
vapeur d'eau et stagnante.

Plus la cloche est petite, plus le développement de la plante est
compromis.

Dès lors, si les racines ne peuvent s'étendre convenablement,
leur fonction de puiser l'aliment soluble se trouve compromise,
lors même que l'espace limité aérien permettrait à la tige de se
développer comme elle le fait dans les circonstances ordinaires.
Mais que sera-ce si cet espace est limité comme le sol, si la
vapeur d'eau le sature, et si l'on est obligé, pour prévenir un trop
grand échauffement de la plante, de soustraire celle-ci aux rayons
du soleil, sous l'influence desquels s'opère à l'air libre la fixation
du carbone de l'acide carbonique en même temps que celle des
éléments de l'eau ? Nous l'avons dit, l'atmosphère libre ; par une

vapeur d'eau convenable, par son acide carbonique et d'autres corps encore, agit sur la végétation, et, comme elle est toujours ou presque toujours généralement au-dessous de l'humidité extrême, elle aide l'ascension de l'eau et la pénétration de l'engrais du sol dans la plante en favorisant sa transpiration.

Ainsi que nous l'avons dit encore, l'atmosphère libre n'est pas utile seulement à la plante par les corps qui la constituent et ceux qu'elle peut tenir à l'état de vapeur ou en suspension, mais encore par son volume, qui, à cause du renouvellement, peut être considéré comme infini, et, sous ce rapport, l'atmosphère libre fournit à la plante tout ce qu'elle est susceptible de lui fournir, et en outre, à cause de ce renouvellement, elle prévient les inconvénients que pourrait avoir la matière exhalée de la plante.

Qu'arrive-t-il maintenant dans une atmosphère plus ou moins limitée et stagnante?

C'est que la plante a bientôt épuisé ce qu'elle peut prendre à cette atmosphère, et il convient de rappeler qu'elle n'absorbe jamais la totalité du fluide élastique sur lequel elle a de l'action, de même qu'un animal n'use jamais tout l'oxygène de l'air qu'il inspire : par exemple, Th. de Saussure, en parlant de l'aptitude du cactus à absorber l'oxygène, a fait l'observation qu'il n'arrive au degré de saturation qu'autant qu'il est placé dans une atmosphère de ce gaz contenant un excès de la quantité nécessaire à sa saturation, de sorte que, ce terme atteint, le cactus est plongé dans du gaz oxygène, résultat analogue à ce qui a lieu pour un solide qui est mis en contact avec la solution d'un corps dissous dont l'affinité pour le solide a peu d'énergie. Pour que cette affinité soit efficace, il faut mettre le solide en contact avec un volume de solution renfermant une quantité du corps dissous beaucoup plus forte que celle qui peut s'unir au solide. Ce n'est qu'à cette condition, par exemple, qu'une étoffe peut prendre de l'alun à de l'eau qui tient ce sel en solution.

Dans ce cas, l'affinité du dissolvant pour le corps dissous, limitant la quantité de ce corps qui s'unit à une étoffe, produit un effet semblable à celui où le corps absorbé est à l'état gazeux, parce qu'alors l'équilibre est établi entre l'affinité du corps pour le gaz, et la tension de celui-ci à rester gazeux en présence du corps absorbant.

Ces considérations expliquent pourquoi une plante ne croît pas dans une atmosphère limitée : par exemple, Priestley a observé qu'une menthe placée dans cette condition n'a pu s'y développer; elle s'y est maintenue quelque temps à la vérité, mais en dépérissant peu à peu, de manière que la partie qui avait cessé de vivre servait de nourriture à une partie qui se développait, mais sans atteindre au degré de celle qui l'avait précédée.

DEUXIÈME CAS.—**Végétation dans une atmosphère limitée, mais qui se renouvelle et renferme plus d'acide carbonique que l'atmosphère.**

C'est conformément aux considérations que nous venons de développer que l'un de nous, M. Regnault, dans des recherches sur la respiration des animaux, qui lui sont communes avec M. Reiset, a placé les animaux soumis à l'expérience dans des conditions bien plus rapprochées de celles où ils vivent à l'air libre, qu'on ne l'avait fait auparavant. Aussi les résultats de ces observateurs diffèrent-ils de ceux qu'on avait obtenus en opérant dans des circonstances différentes de celles où ils ont expérimenté; et c'est à l'instar de ce mode d'opérer que M. Ville, en faisant végéter des plantes dans des espaces limités où l'air se renouvelle convenablement, a fait disparaître une partie des inconvénients que nous venons de signaler en parlant de la végétation opérée dans des espaces limités, où l'atmosphère est stagnante. Non-seulement, dans l'appareil de M. Ville, la masse des particules gazeuses est augmentée, mais les 2 volumes d'acide carbonique et les 98 volumes d'air qui les constituent exercent-ils la plus heureuse influence sur la végétation.

Une preuve de l'avantage de ce mode d'expérience, c'est que, dans une atmosphère limitée où la récolte sèche n'est que trois fois le poids des semences, M. Ville a obtenu, dans la terrine n° 1 de la cage vitrée, où il n'y a pas eu de fixation d'azote, une récolte dont le poids était sept fois celui des semences; et nous rappelons que cette expérience est précisément celle qui a donné le moins bon résultat.

Si la végétation des plantes soumises à l'expérience, dans l'appareil de M. Ville, n'est pas aussi vigoureuse qu'à l'air libre; si l'atmosphère s'y trouve saturée de vapeur d'eau, et qu'il y ait nécessité de tempérer par des toiles la vivacité de la lumière solaire, cependant reconnaissons que le renouvellement de l'air avec la proportion d'acide carbonique qu'il renferme, outre l'aliment qu'il peut fournir aux plantes, a l'avantage de les préserver d'un trop grand échauffement.

D'après les considérations précédentes, les difficultés que l'expérimentateur rencontre dans la recherche de l'origine de l'azote des végétaux sont, en définitive, de deux sortes : les unes se présentent lorsque, voulant éloigner de la plante toutes les sources d'azote, celle de l'atmosphère exceptée, la plante est exposée à languir faute d'aliment; les autres se présentent, au contraire, dans le cas où, ne voulant s'écarter que le moins possible des conditions favorables à la végétation, on s'expose à ce que la plante puise de l'azote en dehors de l'atmosphère. Ces difficultés ont conduit la Commission à penser que dans les expériences entreprises pour résoudre une question aussi difficile à traiter que celle qui nous occupe, il eût été opportun de faire, comparativement avec l'expérience où des plantes végètent dans le sable calciné et l'eau distillée que recouvre une cloche où l'air se renouvelle, une seconde expérience en tout semblable à la première, sauf qu'il n'y aurait pas eu de plante dans le sable calciné et l'eau distillée. Après l'expérience, on aurait examiné comparativement le sable et l'eau de chacun des appareils.

Conclusion.

L'expérience faite au Muséum d'histoire naturelle par M. Ville, est conforme aux conclusions qu'il avait tirées de ses travaux antérieurs.

Proposition.

Les recherches du genre de celles qui occupent M. Ville étant fort dispendieuses, nous avons l'honneur de proposer à l'Académie qu'elle veuille bien autoriser sa Commission administrative à payer les frais de l'expérience qui a été faite au Muséum d'histoire naturelle.

Cette proposition, mise aux voix par M. le président, est adoptée.

APPENDICE AU RAPPORT.

LETTRE DE M. CLOEZ A M. CHEVREUL.

Les expériences de M. Ville, répétées sous les yeux de la Commission de l'Académie des sciences, ont exigé accidentellement l'emploi d'une quantité d'eau beaucoup plus grande qu'on ne l'avait prévu d'abord.

L'eau distillée qu'on a employée pendant le cours des expériences provient de trois distillations faites au laboratoire du Muséum; dès l'origine, on a prélevé sur le produit de chaque distilation 15 litres d'eau, qu'on a mis à part dans un flacon bouché, pour servir aux analyses que la Commission jugerait convenable de faire.

Les expériences terminées, on a mélangé les trois portions d'eau distillée qui avaient été mises à part ; on a pris 12 litres du liquide résultant de ce mélange, on a ajouté 1 gramme d'acide oxalique pur, et l'on a soumis à l'évaporation à une douce chaleur.

Le résidu desséché devait contenir la totalité de l'ammoniaque existant dans ces eaux ; mais par une circonstance toute fortuite, et que j'ai connue trop tard, il pouvait contenir aussi une certaine quantité de cet alcali qui s'est trouvé pendant un temps assez long dans l'atmosphère de la pièce où avait lieu l'évaporation.

J'avais assisté un matin au mesurage de la quantité d'eau destinée à l'évaporation, l'opération était commencée déjà depuis quelques heures, lorsque je reçus la nouvelle que mon père était dangereusement malade ; je vous demandai la permission de m'absenter pendant quelques jours, et je partis immédiatement en laissant à un élève du laboratoire qui avait l'habitude des manipulations, et sur lequel je croyais pouvoir compter, le soin de surveiller l'évaporation, à laquelle assistait d'ailleurs le préparateur de M. Ville, M. Stoësner.

Pendant mon absence, on fit dans le laboratoire la séparation du nickel du fer au moyen d'un excès d'ammoniaque. Naturellement il s'est dégagé une assez grande quantité de cet alcali dans l'atmosphère du laboratoire, et il n'est pas douteux que l'*eau distillée acide* soumise dans le même temps à l'évaporation a dû en absorber une quantité plus ou moins considérable.

Le résidu desséché fut néanmoins remis avec d'autres produits à M. Peligot pour être soumis à l'analyse : la quantité d'azote trouvée étant beaucoup plus grande que celle que j'avais obtenue d'une autre portion d'eau distillée préparée également au laboratoire, j'ai pensé qu'il avait dû y avoir erreur ou accident pendant l'évaporation ; je fis une espèce d'enquête sur la manière dont l'opération avait été conduite pendant mon absence. J'appris alors qu'elle avait duré trois jours, et je connus les circonstances que j'ai signalées, circonstances auxquelles est dû, sans aucun doute, l'excès d'azote trouvé par M. Peligot.

A la demande de M. Ville, je pris 10 litres de l'eau qui restait encore, et je l'évaporai moi-même au laboratoire de l'École polytechnique, en ayant soin de me mettre à l'abri des vapeurs ammoniacales; j'assistai également, dans le laboratoire particulier de M. Ville, à l'évaporation de 10 litres de la même eau. L'opération a été amenée rapidement à bonne fin par l'emploi de la flamme d'un bec de gaz.

Les résidus de ces opérations ont dû être remis, comme les précédents, à M. Peligot. Ils doivent contenir une quantité d'azote beaucoup plus faible que celle qui a été trouvée dans le premier.

On a conservé au laboratoire environ 12 litres d'eau qui restent sur les 45 litres qu'on avait mis de côté. Cette quantité serait plus que suffisante pour répéter les analyses dans le cas où la Commission le jugerait indispensable.

Sur la proposition de la Commission administrative, l'Académie a voté à M. Ville une somme de 4000 francs, dont 2000 pour l'indemniser de l'expérience faite au Muséum d'histoire naturelle, et 2000 pour l'aider à continuer ses travaux.

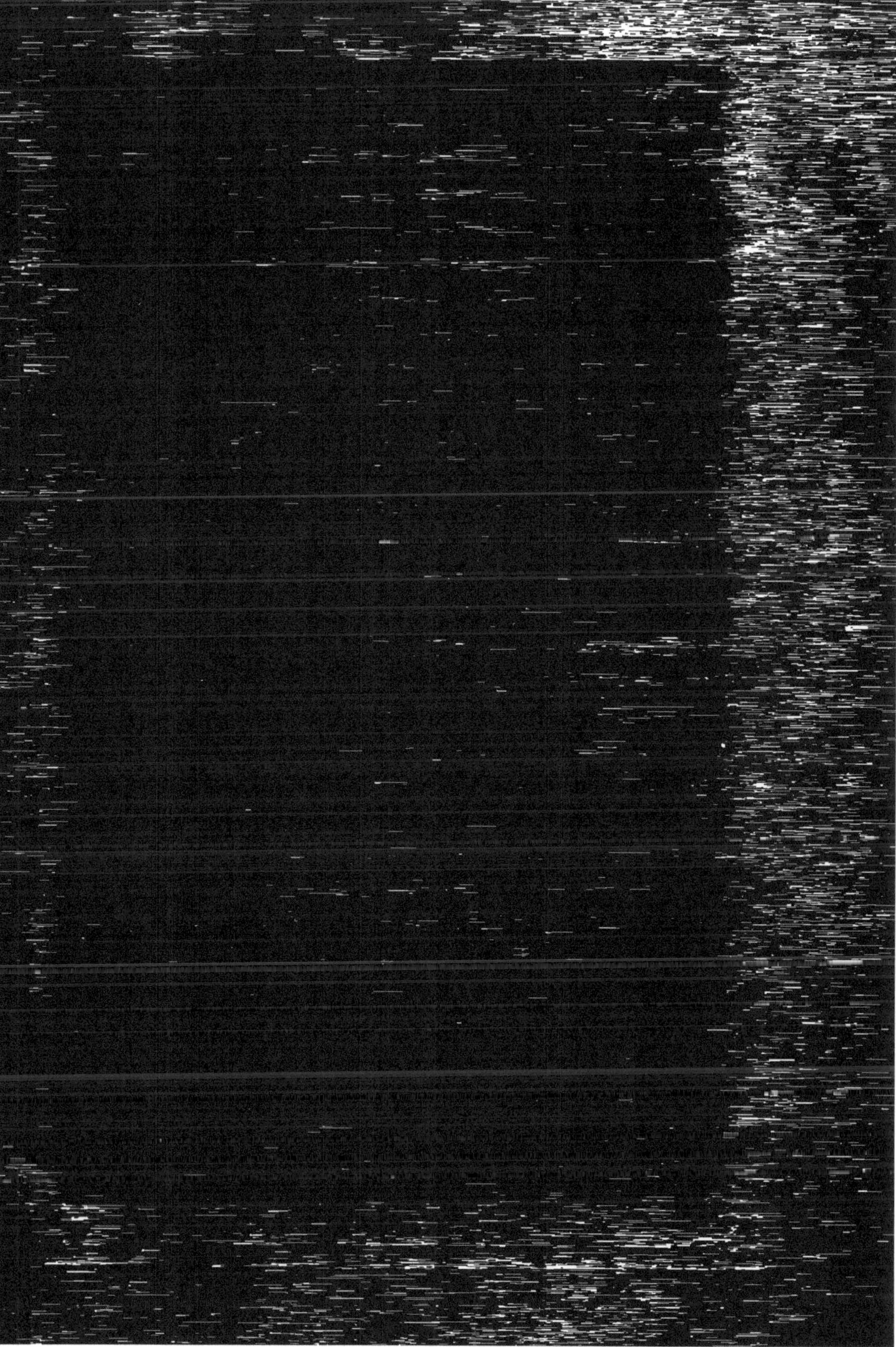